"院士带你去探索"科普绘本

丛书主编：宋 娴　　本书策划：蒋臻颖 胡 芳

少年航天员

文 字
李剑龙

绘 图
赏鉴 牛猫 胡豆

美术指导
牛 猫

科学顾问
瘦驼

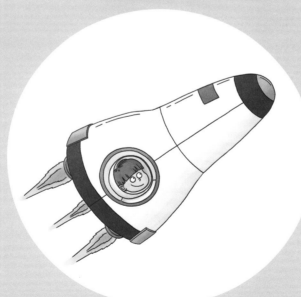

上海科技教育出版社

序 言

　　科学技术是人类智慧的结晶,是人类认识世界和改造世界的有力工具。人类所取得的每一点进步,都得益于对未知世界的探索。作为一个综合性科学普及的教育平台,上海科技馆一直以来都以科学传播为宗旨,以科普展示为载体,致力于对科学的广泛而深入的普及教育事业。

　　"上海科普大讲坛"是由上海市科学技术委员会指导,上海科技馆、上海科学传播与发展研究中心主办的集科学性、前瞻性、开放性、公益性于一体的科普活动,旨在满足市民的需求,营造科学文化氛围,提升全民科学素质。基于 2017 年"上海科普大讲坛"活动的主题和内容,我们的团队经过策划、整理、提炼和撰写,最终促成了本套科普绘本的成功面世。

　　本套科普绘本内容丰富,涉及的科学领域众多,涵盖生物进化、生态保护、宇宙航天、地质地理等。通过讲述引人入胜的故事,将科学知识贯穿其中,并附有大量生动有趣的插画,幽默生动、深入浅出,带给广大青少年读者较全面的科学知识和轻松愉悦的阅读体验。

　　本套丛书中每册绘本所涉及的知识,都是依据"上海科普大讲坛"中科学家讲座内容整理和提炼得到的,凝结了每位科学家的研究成果,代表了目前科学研究的最新进展。通过阅读该套绘本,青少年读者可以对科学家们的研究领域有更深入的了解,在拓宽知识面、拓展视野的同时,激发追求真知、探索科学的兴趣和热情。这对于培养青少年读者的科学素养具有极大的促进作用。

　　本套科普绘本的成功出版,为后续丛书的创作打造了良好的开局。我们将继续努力,通过系列活动的开展和系列丛书的出版,把"上海科普大讲坛"打造成具有科学性、知识性、趣味性与服务性等特色的,有较强社会影响力的科学传播平台,以此来进一步推动文化科普教育事业的长足发展。

王小明

上海科技馆馆长

本书灵感来源于"上海科普大讲坛"第74讲

《什么样的飞机才是好飞机》

演讲人：中国人民解放军少将聂海胜

想不想去一个好玩的地方？星期六早上航天城门口见。

星期六一大早，三年级的张思宇悄悄从家里溜出来，一头钻进了通往航天城的地铁。

这是因为昨晚放学的时候，校门口有人冷不丁朝他扔了一个纸团，上面写着："想不想去一个好玩的地方？星期六早上航天城门口见。"

和很多小朋友一样，一说到玩，张思宇比谁都积极。下了地铁一看，航天城门口黑压压的全是人，至少有 1000 名小朋友。他们穿着自己最漂亮的衣服，按照工作人员的指示排起了长长的队伍。队伍的尽头挂着一条巨大的横幅，上面写着："火星探测计划·少年航天员选拔大赛"。排在前面的小朋友七嘴八舌地讨论着什么，张思宇隐约听到了"长期训练"、"不用上课"几个词。

"原来这里是在选拔少年航天员，选上了就可以去探测火星啦。"张思宇一下子来了精神。

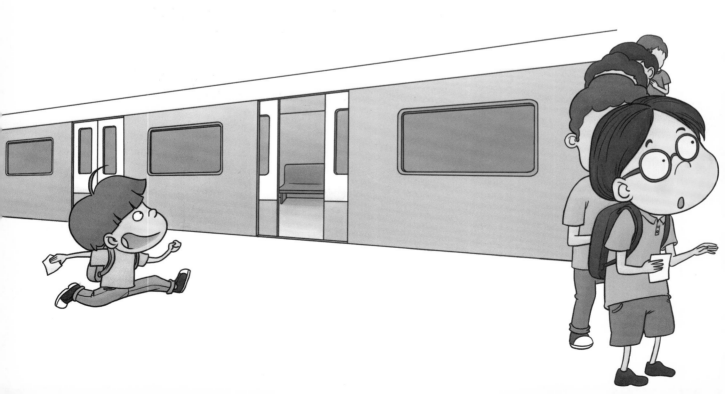

　　火星是什么样的？张思宇对它一无所知。但是看到那么多小朋友想去火星，他觉得火星一定是个比学校好玩的地方。正当张思宇幻想着火星上有什么好玩的地方时，忽然听到队伍前方传来"呜呜"的哭声。循着哭声望去，只见一个八九岁的男孩从航天城里跑出来。他的身上看不到任何伤痕，却好像刚刚被谁打了一顿似的，哭得满脸都是眼泪和鼻涕。

　　"算啦算啦，不去火星啦！"围上去的小朋友看到这情景，呼啦一下就散开了。1000多人的队伍，突然变得稀稀拉拉。张思宇三步并作两步，一下子挤到了队伍的最前面。"先看看再说，"张思宇猫着腰钻进航天城的大门，只见门口的一间房间里，几位研究员围在一个大屏幕前，屏幕上是一个女生的脸。她被绑在一张躺椅上，头上缠着一根带子，身上连着各种仪器，整张脸胀得像吹气球一样，露出非常痛苦的神情。一个蓝色指针状的机器，在高速转动着，发出巨大的轰鸣声。"果然很恐怖！"张思宇吐吐舌头，正打算溜走，忽然，一只大手按住了他的肩头。

　　来人长得瘦瘦的，戴着一副塑料框眼镜，他正是同学们经常在科技馆和博物馆见到的夏侯老师。

　　"要想当上航天员，先要通过离心机测试，"夏侯老师说，"火箭起飞时，会向上加速运动，使你的身体超重 4—5 倍。离心机能模拟出这种超重环境，所以想当航天员，就得先过这一关。"

　　张思宇没听懂夏侯老师说的话，但是他忽然想起，刚才哭花脸的小男孩说这个机器"比过山车还恐怖"。张思宇特别喜欢坐过山车，他又不想逃走了，站在原地犹豫不决。这时，机器的声音停了，几个工作人员走进房间，把里面的小女孩抱下来。小女孩脸上挂着泪珠，却没有哭出声，只是紧紧地咬住嘴唇。她现在看起来一点儿也不像屏幕上那张大胖脸了。

如何模拟超重的环境？

火箭点火升空以后，会产生一股巨大的推力，把火箭和航天员使劲朝天上推。在这个过程中，航天员会感到自己的身体变得特别沉重，别说抬抬胳膊伸伸腿了，就连眨眼都会觉得吃力，这就是超重状态。在超重的状态下，航天员的心血管功能会遭受严峻考验。所以，航天训练中心会在地面上模拟航天器发射和返回时超重的环境，增强航天员的抗超重能力。

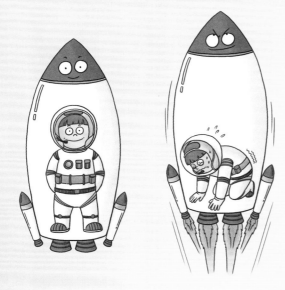

模拟超重有两种办法，一种办法是像火箭那样通过不断加速，改变物体的运动速度。如果你坐过过山车，就会发现过山车在向前向上加速行驶的时候，好像有一股力量在背后推着你，这就是超重。不过，对航天中心来说，这种办法太麻烦了，而且不容易产生均匀、强大的推力。

还有一种办法，就是像波轮洗衣机甩干衣服一样，以很高的速度不断旋转，通过改变物体的运动方向来模拟超重。当衣服中的水跟着波轮一起转圈时，波轮的内壁会使劲把它往里推，导致水不断改变运动方向。于是，水就进入了超重的状态。在"超重"的作用下，水纷纷往波轮外面流，于是，衣服就渐渐变干了。

航天员训练时用到的离心机和波轮洗衣机甩干衣服的原理是一样的。当离心机产生均匀、强大的"模拟重力"时，航天员脸部的肌肉会扭曲变形，暂时变成一张大胖脸。

波轮洗衣机

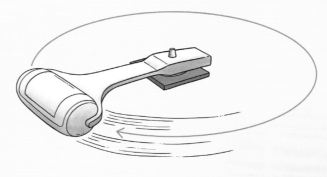

离心机

"夏侯老师，我也要参加测试。"张思宇看到小女孩没有哭，胆子忽然大起来。

"好样的！"夏侯老师伸出大拇指说。

张思宇走进放离心机的房间，在几名工作人员的帮助下趟到了一张高高的床上，各种绷带把他紧紧捆住。

如果你实在受不了超重，就按这个按钮。不过，按下按钮，就说明你落选了，明白吗？

夏侯老师和工作人员关上机器的门，没过多久，机器的轰鸣声就在张思宇耳边响起。张思宇觉得下面的床正在使劲朝上推着自己，就像过山车从谷底向上加速时一样。推力越来越大，仿佛一块巨石朝自己狠狠地压过来，手脚无法动弹，眼皮也睁不开，每呼吸一下都觉得无比沉重。

张思宇想去按那个按钮，可是手指根本无法动弹，他想要昏过去，思维却无比清晰。没有办法，他只好不断告诉自己：去火星总比上课好玩，离心机测试没有考试困难。就这样一秒一秒地挨着，机器的轰鸣声渐渐弱了，身上的压力渐渐减轻了。

休息了一会儿后，夏侯老师带张思宇来到另一个房间，里面只有一把普通的躺椅。一个刚刚从躺椅上下来的小朋友浑身瘫软、脸色煞白，完全是被工作人员架着下来的。

"火箭在上升的过程中，可能会产生低频率的振动。这种振动的频率和内脏的固有频率相同，所以你的内脏会非常难受。只有通过这个测试，才能成为一名合格的……"夏侯老师说。

张思宇没等夏侯老师把话说完，就躺到了椅子上。夏侯老师按下电源开关，椅子就开始振动了。张思宇说不清身上哪里在难受，因为全身上下没有一处不难受。晕车？晕机？晕船？没有一种晕比现在还要难熬。张思宇心中升起一种巨大恐惧感，仿佛自己就坐在狭小的火箭发射舱中，整个火箭就要在空中震得裂开了。就在他觉得自己快要坚持不住的时候，椅子的振动渐渐地停了下来。

"张思宇同学，你真棒，通过了第二个测试。"

"夏侯老师，做航天员真不容易啊！"张思宇躺在椅子上强打着精神说。

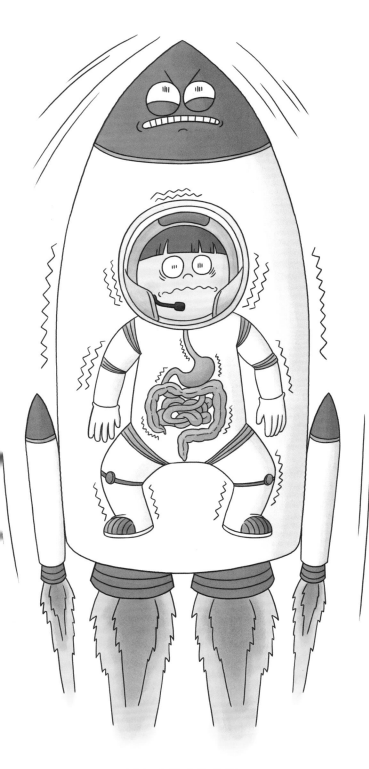

引起人体内脏共振

火箭的振动有多可怕？

你也许会问，航天员不就是跟着机器一起振动嘛，这有什么可怕的呢？要知道，这不是普通的振动，而是一种能够引起人体内脏共振的特殊的低频振动。

中国第一个飞入太空的航天员杨利伟在随着运载神舟五号载人飞船的火箭升空的过程中，就经历过这种可怕的振动。他回忆说："痛苦的感觉越来越强烈，五脏六腑似乎都要碎了，我几乎难以承受，心里就觉得自己快不行了……共振持续了26秒以后，慢慢减轻。当从那种难受的状态中解脱出来之后，我感觉到从未有过的轻松和舒服，如同一次重生。但在痛苦的极点，就在刚才短短的一刹那，我真的以为自己要牺牲了。"

现今，航天工程学家改进了火箭的制造工艺，这种现象已经得到改善。不过，航天中心还是希望通过低频振动训练，让航天员提前感受这种振动。万一在升空时出现了同样的振动，他们能有心理准备。

有那么难受吗？

起飞阶段的测试结束以后，火箭会进入太空轨道，这时航天员就会体验失重的感觉。

通过了第二关，夏侯老师带张思宇来到了下一个环节：转椅测试。这次的椅子不再是躺椅，而是一把转椅。一个小朋友坐在椅子上快速地转动着，同时还不断地上下点头。

"坐在这样的椅子上能体会失重？"张思宇不敢相信自己的眼睛。

这时，刚刚完成测试的那位小朋友从转椅上踉踉跄跄地走下来，什么话也没说，冲到隔壁的厕所。很快，厕所里面传来了"哇哇"的呕吐声。

张思宇坐到了椅子上，还没来得及细想，转椅就开始转动了。

"不就是普通的转椅吗？"张思宇早已在游乐场身经百战，挑战每 2 秒转一圈的椅子毫无压力。

"你还得不断地上下点头。"夏侯老师说。"人到了太空以后，由于失重，耳朵里的前庭系统就会失去方向感。许多航天员因此得了航天晕动病，会觉得头晕目眩、脸色苍白、直冒冷汗、肚子难受、恶心呕吐。"

"夏侯老师，你别讲啦！"张思宇忽然大声喊道。

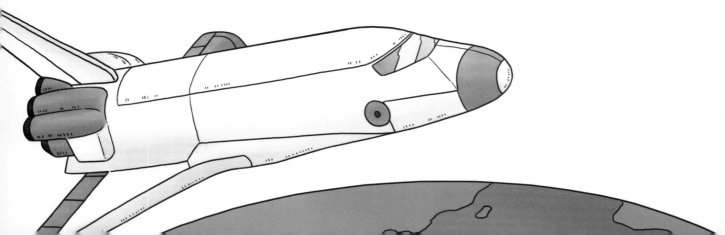

张思宇刚点了几下头，就觉得天旋地转，天花板仿佛跑到了脚下，地板仿佛跑到了天上。夏侯老师和身边的工作人员像蜜蜂一样在他身边绕来绕去，还嗡嗡地叫个不停。

张思宇特别希望自己变成一摊泥，从椅子上流下来，在地板上安安静静地躺着。一股热热的酸水从胃里涌到喉头，"不行，我不能吐出来"。他连忙拿出上课走神的绝活，要把眼前的痛苦全部忘记。此刻，他幻想自己去了火星，遇到了好多奇形怪状的外星人。他喊了一声"立正"，所有的外星人整整齐齐排成四列，等待他的检阅……

前庭系统

如果你把眼睛蒙上，再坐进忽上忽下的过山车，你还能感觉出自己在朝哪个方向加速跑。这都要归功于你耳朵里的前庭系统。前庭系统长在鼓膜后面的内耳中，由两部分组成。一部分像迷宫一样，分成了三个半圆形的管道，叫作半规管。这个部分负责感知人在三维空间中朝哪个方向旋转。另一部分是由两个薄膜形成的球囊，每个球囊中分别包裹着一块耳石。这个部分负责感知人在朝哪个方向加速或减速。当一个人眼睛看到的周围环境在运动，而自己的前庭系统感受不到这种运动时，他就会感到头晕恶心。晕车、晕船、晕机，还有玩3D游戏时感到头晕，都跟这种机制有关。

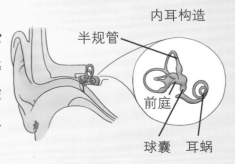

内耳构造
半规管
前庭
球囊 耳蜗

航天晕动病

航天员到了太空中后，由于身体失重，在运动时就会出现呕吐、厌食、头痛、恶心、嗜睡等与晕车类似的症状，这就是航天晕动病。50%的航天员在经历失重后，都会患上航天晕动病。他们不但可能突然猛烈地呕吐，还可能会产生倒立、倾斜、旋转、飘浮和下落等错觉。就算提前吃晕车药，也不能完全避免这种病的发生。科学家还不能完全确定航天晕动病的病因。一种说法认为，这是中枢神经系统的调节发生紊乱的结果；还有一种说法认为，这是神经－内分泌调节和前庭功能改变共同导致的。

为了锻炼航天员的适应能力，现实中的航天训练中心都要求航天员进行"转椅训练"。据媒体报道，中国第一位女性航天员刘洋在第一次参加转椅训练时，就是通过幻想自己在海边看风景来缓解身体不适的。为了克服这个问题，美国航空航天局曾经专门准备了一台C-131军用运输机。当C-131运输机在空中反复沿着一条抛物线的轨迹飞行时，机上搭载的航天员就会感到失重，进而诱发和太空中一样的生理反应。从那以后，这架不幸的C-131运输机被吐得一塌糊涂的航天员起了个外号叫"呕吐彗星"。

转椅测试结束了，张思宇闭着眼睛不敢睁开，生怕外星人全都跑了。他不知道休息了多久，稀里糊涂地跟着夏侯老师又来到了连续头低位测试。"这次终于不用转，可以舒舒服服地躺在床上了。"张思宇惬意地感慨。但他渐渐就觉得没那么舒服了，头越来越低，脚越来越高，眼睛和脸开始发胀。

"当你体内的血液失重时，就会往脑袋流。"夏侯老师说。"现在测试的是你的心血管系统调节血液的能力。"

张思宇不敢再想火星人了，因为脑袋里装了太多血，一思考就头疼。这时，夏侯老师递给他一包太空牛肉丸。

吃吧，一会儿还有更辛苦的测试。

尿完了叫我啊。

　　张思宇头朝下，努力地把牛肉丸嚼碎了往肚子里咽。在太空吃东西就是这种感受吗？明明现在胃在嘴巴的上面，可是咽下去的牛肉又是怎么跑到胃里的呢？张思宇开始觉得上课比航天训练轻松了。再怎么说，上课时不用转圈，也不用头朝下倒着吃饭呀。

　　"夏侯老师，我想尿尿。"张思宇灵机一动，找了个借口想快点结束测试。

　　"尿在这个壶里就行。"夏侯老师递给他一个卧床病人用的尿壶，和工作人员转身离开，把门关上了。

　　张思宇欲哭无泪，倒着吃饭也就算了，怎么在太空还要练习倒着尿尿啊？

太空中吃饭和上厕所

　　由于失重，在太空中吃饭也需要遵守一定规矩。为了防止食物和餐具乱飘，航天员需要先把餐盘固定在大腿上，将勺子、安全剪刀餐具吸附在餐盘上，还要用尼龙搭扣把食物包装固定在餐盘中。为了防止食物残渣乱飞，他们咀嚼的时候得闭上嘴巴，吃完以后还要把包装袋和吃剩的部分统统放进废弃物收集袋里。

　　在太空中上厕所就更需要技巧啦。小便和大便时分别要对准一小一大两个漏斗，然后用抽气机抽走。不然，在失重的情况下，各种排泄物在航天舱里到处飘就坏事了。

太空中吃饭

用尼龙搭扣固定

把餐盘固定在大腿上

太空中上厕所

大漏斗　小漏斗

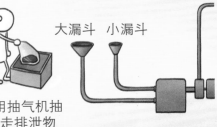

对准漏斗

用抽气机抽走排泄物

夏侯老师告诉张思宇，航天员要连续五天五夜倒躺在这张床上，倒着吃喝拉撒。张思宇正在发愁怎么办的时候，夏侯老师把他从床上放了下来，带他来到一个巨大的游泳池边。

"哇！现在是要游泳测试吗？可是我没带泳裤。"

张思宇还没反应过来，几个工作人员就给他套上了航天服和头盔。这套衣服简直比全班的书包加起来还沉。穿上航天服之后，他的全身像灌了铅似的，完全动弹不了。由于航天服里充了很多气，手套也鼓鼓的，动动手指头都觉得费劲。

　　"这叫中性浮力测试，看看你在失重时还能不能执行航天任务。"夏侯老师说着，让一台吊车把张思宇吊了起来，然后缓缓地放进游泳池里。"你走到对面再走回来吧。"夏侯老师发布了这一关的任务。

　　一到水里，张思宇就感到一阵轻松，因为水产生的浮力刚好等于他和他身上所有设备的重力。

　　"走路还不简单？看我的。"张思宇刚说完话，一抬腿就后悔了。为什么身体已经变轻，但手脚还是这么不听使唤？他感觉自己好像变成了一个1岁小孩，脚踩在地上软绵绵的，完全得不到支撑，连抬腿都不知道如何使劲了。才走出两步，他就累得满头大汗，汗水把航天服里面都浸湿了。

终于完成了中性浮力测试，张思宇这次真的变成了一摊泥，趴在泳池边完全不想动弹。他觉得，就算上午逛动物园，下午玩游乐场，晚上再去游泳馆，都没有现在这么累。

"夏侯老师，我能把这个沉甸甸的衣服脱掉了吗？"

"别急，今天还有最后一关测试——模拟太空舱降落。"说着，夏侯老师和工作人员把张思宇抱上了一个平台。

平台缓缓地升高，到了一定高度时咣的一声砸了下来。张思宇觉得这下自己就算没摔死，也要被航天服压死了。幸好，这个测试难受一下就结束了，跟前面几个测试相比，已经是轻松多了。

夏侯老师高兴地帮张思宇脱掉航天服，表扬他道："你知道吗？今天报名航天员选拔的小朋友，大部分都不敢尝试第一个测试。能坚持做完所有测试的小朋友就更少了。虽然你不是唯一通过测试的小朋友，但你的得分是最高的哦！"

张思宇一听最高分，兴奋地睁大了眼睛。"太好啦，我居然拿到了最高分！那我可以去火星了吗？"

张思宇同学，恭喜你通过了今天的全部测试！

"这还要看你接下来的表现。"夏侯老师扶了扶眼镜说。

"从明天开始，你就是一名后备航天员了。你不用再去学校，得来航天城接受更加严格的训练。新的训练更难、强度更大，也更危险。你有没有信心？"

"有！"张思宇一听不用去学校了，也顾不上新的训练有多苦，立刻变得兴高采烈起来。他决定要把自己刻苦训练的照片都拍下来，让学校里的同学们好好羡慕一番。

"明天到了航天城以后，你先去领课本。一共有 30 多门文化课，你可别漏掉了。"夏侯老师拍拍他的肩膀。

"上课？"张思宇只觉得一盆冷水从头上浇了下来，"夏侯老师，为什么做航天员也要上课呀，我好好训练还不行吗？"

夏侯老师笑了，说："傻孩子，去火星哪有那么简单？你知道火星在哪儿吗？沿着什么轨道可以飞到火星？在太空最容易得什么病？应该怎么治疗？返程的时候，你要给飞船留下多少燃料？如果导航系统故障了，你知道该朝哪儿飞吗？在地球之外的太空，充满了各式各样的危险。要想探索太空，不能只凭借你的毅力和勇敢，还要靠你的知识和智慧！"

刻苦学习的中国航天员

要想成为一名合格的航天员，不但要在3-4年的时间里陆续接受体质训练、心理训练、航天环境适应性训练、航天专业技术训练、紧急救生训练和大型联合演练，还要在大约1年的时间里，学完普通人需要4年才能学完的航天基础理论知识及相关基础课程。

为了掌握基础知识、提高文化水平，航天员需要学习英语、哲学、高等数学、基础力学、电工学、电子学等基础课程。为了解太空和其他行星的地质环境，航天员要学习地球物理学、气象学、天文学、天体物理学等与航天环境有关的课程。为了让身体和心理都能适应太空航行，航天员要学习解剖生理学、航天医学、心理学等医学类课程。更重要的是，为了安全地控制航天器的飞行，科学地应对各种故障和突发事件，航天员还必须学习空气动力学、飞行动力学、飞船设计原理及其舱载系统、飞船导航控制，座舱中各种仪器设备的功能和操纵、维护和修理技术，还有通信、摄影等与航天技术有关的课程。

训练完成后，在执行具体的航天任务之前，航天员还要学习航天中心所制定的计划任务书，掌握每项任务的细节。

执行特殊任务的航天员还要学习特殊任务的知识和技术，比如航天器在火星着陆的技术、火星地质学、火星气象学、遥感遥测原理、火星摄影技术等等。

学习基础课程比考大学还要艰苦。据中国航天员翟志刚回忆，他们刚开始学习基础课程时，"基本上没有在夜里12点以前睡过觉"。为了掌握轨道计算知识，另一位中国航天员聂海胜有段时间更是要学到凌晨2点。他们白天要上课，晚上要写作业，还要预习第二天的课程。

只有经过了严格的训练和高强度的学习，千里挑一的优秀青年才能最终成长为中国航天事业的出色航天员。

图书在版编目（CIP）数据

少年航天员 /宋娴主编. —上海：上海科技教育出版社，2018.8（2020.4重印）

（"院士带你去探索"科普绘本）

ISBN 978-7-5428-6810-7

I. ①少… II. ①宋… III. ①航天员—儿童读物 IV. ①V527-49

中国版本图书馆CIP数据核字(2018)第161837号

总 顾 问　左焕琛
策划顾问　王莲华　王小明

丛书主编　宋　娴
本书策划　蒋臻颖　胡　芳

"院士带你去探索"科普绘本

少年航天员

文　字　李剑龙
绘　图　赏　鉴　牛　猫　胡　豆
美术指导　牛　猫
科学顾问　瘦　驼

责任编辑　李　凌
装帧设计　李梦雪

出版发行　上海科技教育出版社有限公司
　　　　　（上海市柳州路218号　邮政编码200235）
网　　址　www.ewen.co　www.sste.com
经　　销　各地新华书店
印　　刷　上海普顺印刷包装有限公司
开　　本　889×1194　1/16
印　　张　2
版　　次　2018年8月第1版
印　　次　2020年4月第8次印刷
书　　号　ISBN 978-7-5428-6810-7/G·3907
定　　价　18.00元